Marion Dawidowski/Gabriele Wollenheit

Dekorative
Fensterbäume

Marion Dawidowski/Gabriele Wollenheit

Dekorative Fensterbäume

Für Tonkarton und Laubsägearbeiten

Mit Vorlagenbogen

Augustus Verlag

Inhalt

Vorwort

Fensterbäume, auch als Friesenbäume bekannt, erfreuen sich immer größerer Beliebtheit. Dies liegt zum einen an den vielfältigen Dekorationsmöglichkeiten, zum anderen aber auch an der reizvollen Wirkung des Fensterbaumes selbst. Auch hier ergeben sich durch eine Abwandlung der Grundform völlig neue Variationen.

In diesem Buch möchten wir Ihnen Ideen für die Gestaltung von Fensterbäumen vom Frühjahr bis zum Herbst und für vielerlei Anlässe vorstellen. Mal krabbeln Marienkäfer in die Frühlingsluft, mal zieht ein Schäfer mit seiner Herde über die Stäbe. Schiffe umfahren einen Leuchtturm, und ein Elch versucht sich in vielerlei Sportarten. Aber auch zur Geburt eines Kindes und für das Kinderzimmer findet sich ein Fensterbaum.

Neben den Anleitungen zum Selbstbau der Fensterbäume haben wir auch Dekorationsvorschläge für im Hobbyfachhandel erhältliche Fertigteile ausgearbeitet. Die schmückenden Anhängsel und Motive für unsere Fensterbäume sind entweder aus Papier oder Holz angefertigt. Diese Materialien sind aber auch häufig untereinander austauschbar. Lassen Sie sich von unseren Ideen verzaubern und inspirieren.

Wir wünschen Ihnen viel Spaß beim Nacharbeiten Ihrer Lieblingsmodelle.

Ihre
Gabriele Wollenheit
und
Marion Dawidowski

Wichtig!
Lesen Sie für ein optimales Gelingen Ihrer Arbeiten auch die einführenden theoretischen Seiten dieses Buches sorgfältig durch.

Fensterbäume selber bauen

Ob naturbelassen oder farbig, klein oder groß, hängend oder stehend – Fensterbäume können Sie inzwischen in jedem Bastelladen kaufen. Nach den Anleitungen in diesem Buch können Sie ausgefallene und preiswerte Modelle auch leicht selber bauen.

Im folgenden werden einige Modelle von Fensterbäumen mit dem dazugehörigen Material und der entsprechenden Bauanleitung vorgestellt. Bei jeder Anleitung im zweiten Teil des Buches finden Sie gleich zu Beginn einen Hinweis auf den verwendeten Typ oder – bei gekauften Bäumen – die handelsübliche Bezeichnung für das Modell.

Typ A

Größe 1

Material

- *Quadratleiste, 1 x 1 cm, 30 cm lang*
- *Rundholz, 6 mm Ø, 53 cm lang*
- *1 Ringschraube, 6 x 3 mm*

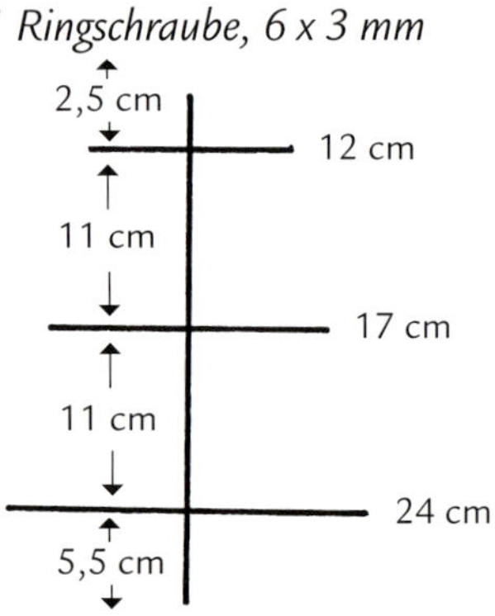

Größe 2

Material

- *Quadratleiste, 1 x 1 cm, 50 cm lang*
- *Rundholz, 6 mm Ø, 1 m lang*
- *1 Ringschraube, 6 x 3 mm*

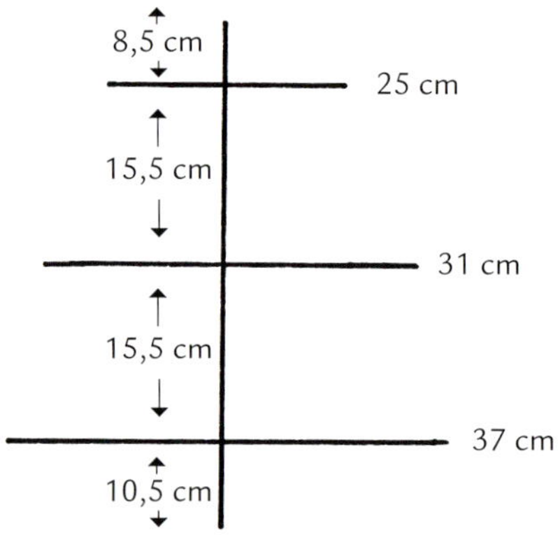

Größe 3

Material

- *Rechteckleiste, 1,5 x 2 cm, 64 cm lang*
- *Rundholz, 8 mm Ø, 121 cm lang (bei 1 m-Stäben benötigen Sie 2 Stück)*
- *Holzplatte, 1,8 cm stark, 10 x 20 cm*
- *1 Holzdübel, 6 mm Ø*

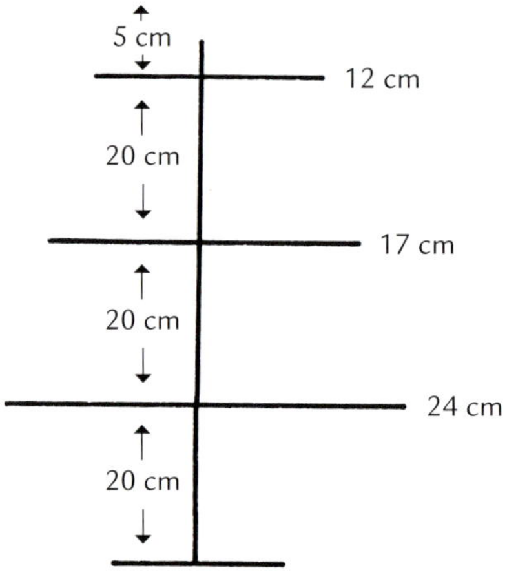

Außerdem benötigen Sie für die Modelle im Buch in den meisten Fällen

- *Endkugeln (Holzperlen) für die Hölzer, deren Durchmesser und Anzahl Sie der jeweiligen Anleitung entnehmen.*

Werkzeug

- *Gehrungssäge*
- *Bohrmaschine*
- *Bohrer, 6 mm und 8 mm Ø*
- *Bohrständer*
- *Schmirgelpapier Körnung 150*
- *Leim*

So wird's gemacht

Sägen Sie zunächst alle Leisten und Rundhölzer nach den in der Skizze angegebenen Maßen zurecht. Auf der Leiste für den Mittelstab zeichnen Sie anschließend die Bohrungen an. Die Maße in den Skizzen geben jeweils die Abstände von Bohrungsmittelpunkt zu Bohrungsmittelpunkt an.

Die Leiste flächig auflegen und die Bohrlöcher mit dem Bohrer, der dem Durchmesser der Rundholzstäbe entspricht, ausführen. Benutzen Sie einen Bohrständer, damit alle Bohrungen parallel zueinander verlaufen.

Größe 3 hat eine Standplatte. Hierfür bohren Sie in die Stirnseite des Mittelstabes und in den Mittelpunkt der Holzplatte mit dem Bohrer (Durchmesser 6 mm) Löcher für den Dübel vor. Dann alle Sägekanten und Bohrungen mit Schmirgelpapier glätten.

Mittelstab und Standplatte werden nun mit Leim und Dübel verbunden. Anschließend die Rundholzstäbe in die Bohrlöcher einschieben, vermitteln und – falls notwendig – mit etwas Leim fixieren.

Sind in der jeweiligen Anleitung Endkugeln aufgelistet, werden diese noch mit Leim an den entsprechenden Stäben befestigt.

Tip

Abhängig davon, welche Endkugeln verwendet werden, kann es notwendig sein, die Enden der Rundholzstäbe anzuspitzen. Hierfür eignet sich ein einfacher Bleistiftspitzer.

Variationen

- Auch Größe 1 und 2 können mit Fuß gearbeitet werden. Verlängern Sie in diesem Fall den Mittelstab bei beiden Ausführungen um jeweils 5,5 cm.
- Zum Einstecken in einen Blumentopf verlängern Sie den Mittelstab um etwa 10 cm.
- Eine weitere Möglichkeit ergibt sich, wenn Sie den Fensterbaum auf den Kopf stellen.
- Der Fensterbaum wird nach den angegebenen Maßen aus Bambus oder Zweigen gearbeitet. Hierzu benötigen Sie zusätzlich Naturbast, um die Querstäbe am Mittelstab kreuzweise anzubinden.

Typ B

(siehe auch Abbildung Seite 26/27)

Material
- *Rechteckleiste, 1,5 x 2 cm, 60 cm lang*
- *Rundhölzer, 8 mm Ø, 180 cm lang (bei 1 m-Abschnitten benötigen Sie 3 Stück)*
- *Holzplatte, 1,8 cm stark, 10 x 20 cm*
- *Peddigrohr, 4 mm Ø, 134 cm lang*
- *7 Holzkugeln, 2 cm Ø*

Werkzeug
- *wie Typ A, zusätzlich:*
- *Prisma-Spannbacken*

So wird's gemacht
Der Fensterbaum wird zunächst genauso gearbeitet wie Typ A. Hinzu kommt eine weitere Bohrung für einen Dübel an der oberen Stirnseite des Mittelstabs. Dann wird das Peddigrohr in lauwarmes Wasser eingelegt, bis es gut biegsam ist (etwa 30 Minuten). Legen Sie den Fensterbaum flach auf eine ebene Fläche und biegen Sie das Peddigrohr darum herum. Die Enden mit schweren Gegenständen fixieren und das Peddigrohr zunächst trocknen lassen.

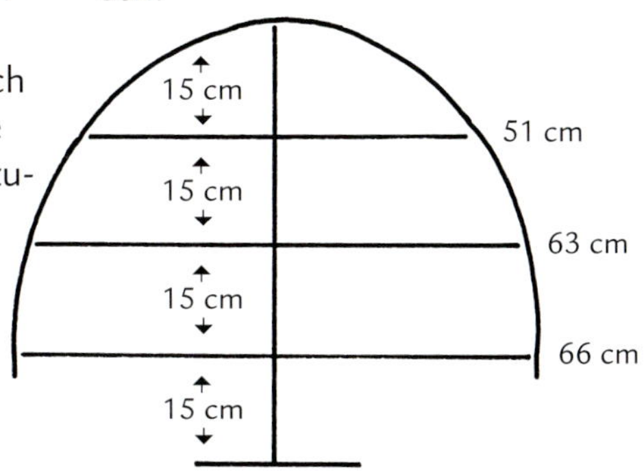

Fünf der Holzkugeln werden im 90°-Winkel zur vorhandenen Bohrung, zwei in einem spitzeren Winkel von etwa 60° mit dem 8 mm-Bohrer 5 mm tief angebohrt. Verwenden Sie hierfür Prisma-Spannbacken, durch deren eingearbeitete Vertiefungen die Kugeln beim Bohren sicher festgehalten werden. Anschließend ziehen Sie die Kugeln auf das trockene Peddigrohr auf; dabei müssen die Kugeln mit dem spitzen Winkel an den Enden des obersten Querstabes liegen. Das im Winkel gebohrte Loch muß nach oben zeigen. Mit etwas Leim die Kugeln befestigen.

Variationen

- Das Gestell wie oben beschrieben bauen, jedoch anstelle des Peddigrohrs eine Sisalschnur mit innenliegendem Draht verwenden (siehe Abbildung Seite 38). Die Schnur wird ohne Kugeln mit Heißkleber an den Enden der Querstäbe befestigt.
- Ohne Standplatte auch zum Aufhängen.

Typ C

Material
- *Quadratleiste, 2 x 2 cm, 60 cm lang*
- *Rundholzstäbe, 8 mm Ø, 109,5 cm lang*
- *2 Leisten, 4 x 20 mm, 63 cm lang*

Werkzeug
- *wie Typ A, zusätzlich:*
- *Heißkleber*

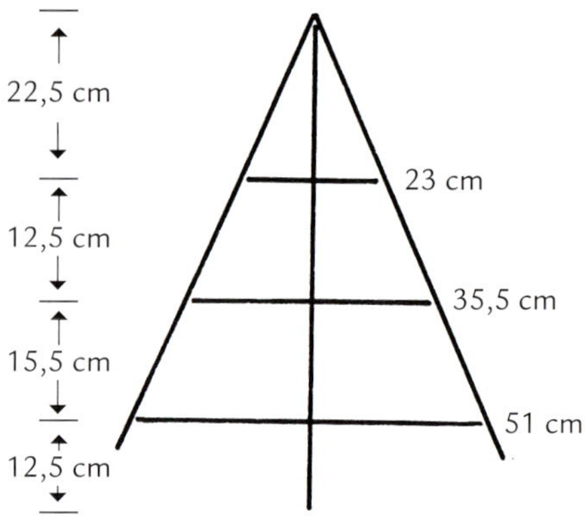

So wird's gemacht

Der Fensterbaum wird wie Typ A gebaut. Zum Schluß befestigen Sie die beiden flachen Leisten mit Heißkleber an den Endpunkten des Fensterbaumes.

Bemalung

Zum farbigen Gestalten der Fensterbäume eignen sich gut wasserverdünnbare Acryllacke und farbige Holzbeizen. Beides erhalten Sie im Fachhandel oder Baubedarf.

Außerdem benötigen Sie Pinsel mittlerer Stärke (am besten Synthetik-Pinsel).

Aufhängung

Zum Aufhängen aller Modelle benutzen Sie entweder die in der Materialliste angegebene Ringschraube. Diese wird oben in den Mittelstab eingeschraubt. Oder Sie führen oben am Mittelstab eine Querbohrung aus und ziehen hier den Aufhängefaden durch.

Fensterbaummotive aus Papier und Holz

Ganz bewußt werden in diesem Buch Motive aus – vorwiegend – Tonkarton oder Sperrholz vorgestellt, da beide Bastelmaterialien sehr beliebt und einfach in der Handhabung sind.

Achten Sie auf das Zeichen bei den Anleitungen, das angibt, aus welchem der beiden Materialien die Motive jeweils gearbeitet sind und ob sie die Materialien austauschen können. In diesem Fall finden Sie sowohl das Zeichen für Sperrholz (Laubsägearbeit) als auch das für Tonkarton abgebildet.

Arbeiten mit Papier

Für die Papierarbeiten in diesem Buch wird vor allem Tonkarton in verschiedenen Farbtönen benötigt. Auch gemusterter Tonkarton und Wellpappe finden Verwendung. Bei Materialien in Regenbogenfarben gibt es verschiedene Farbschattierungen. Achten Sie am besten gleich beim Kauf auf die gewünschten Farbverläufe. Alle Papiere sind im Hobby- und Schreibwarenhandel erhältlich.

Material

- *Tonkarton in verschiedenen Farbtönen*
- *Tonkarton gemustert, in Regenbogenfarben*
- *Wellkarton in Rot, Grün, Regenbogenfarben*
- *Strohseide weiß*

Hologrammpapier

Für das hier gezeigte Modell (siehe Seite 33) eignet sich am besten Hologrammpapier. Erhältlich sind aber auch selbstklebende Folien und Hologrammkarton. Hologrammpapier glitzert bei Lichteinwirkung in den unterschiedlichsten Farben. Die Vorlagen werden in diesem Fall seitenverkehrt auf die Rückseite übertragen.

Wabenpapier

besteht aus vielen Lagen Seidenpapier, die durch gerade Klebelinien miteinander verbunden sind. Die Form, die aus Wabenpapier ausgeschnitten wird, entspricht immer genau einer Hälfte des Motivs. Sie wird durch das Auffächern der Waben und nach dem Festkleben der Außenseiten auf dem Untergrund zum plastischen Motiv. Damit sich die Waben richtig auffächern, muß die senkrechte

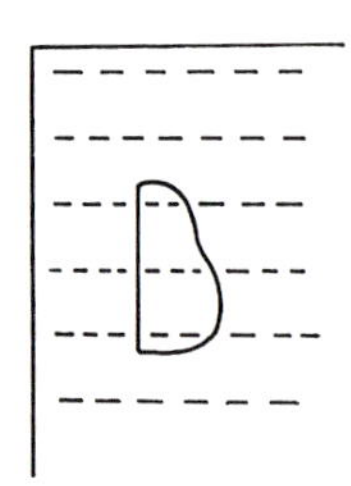

Kante der Vorlage im rechten Winkel zu den Klebelinien angelegt werden (siehe Zeichnung). In der Vorlage ist der Verlauf der Klebelinien eingezeichnet.

Zunächst das Wabenpapier auf die eine Hälfte des Motivs kleben und an der geraden Kante eine Klebstofflinie ziehen, damit die vielen Lagen an dieser Stelle zusammengehalten werden. Nun die andere Hälfte des Motivs mit Klebstoff bestreichen und das Wabenpapier umklappen. Vorsichtig einen Stift oder ein Stäbchen in die einzelnen Waben stecken und diese andrücken.

Außer dem Tonkarton oder anderen Papieren benötigen Sie für Detaillierungen der Motive häufig einen

- *Filzstift schwarz* und einen
- *Gelstift weiß.*

Werkzeug

- *Transparentpapier*
- *Bleistift*
- *Schere/Cutter*
- *Klebestift*
- *Alleskleber*
- *Heißkleber/Heißklebepistole*
- *Locher*

Übertragen der Vorlagen

Die Vorlagen mit Transparentpapier und Bleistift vom Vorlagenbogen abpausen. Nun die Rückseite mit weichem Bleistift schraffieren, auf den entsprechenden Tonkarton auflegen und alle Linien noch einmal nachziehen. Achtung: Bei Wellpappe und Hologrammpapier die Vorlage seitenverkehrt auf die Rückseite übertragen.

Vorder- und Rückseite der Motive

Da die Fensterbäume überwiegend so aufgestellt oder aufgehängt werden, daß die Motive von beiden Seiten sichtbar sind, sollten sie auf Vorder- und Rückseite dieselbe Ansicht bieten. Dazu schneiden Sie die Motivteile doppelt (einmal seitenverkehrt) aus und ordnen sie auf der Rückseite spiegelbildlich an. Wenn nicht gesondert erwähnt, beziehen sich die Angaben in der Anleitung auf einseitig gearbeitete Modelle.

Ausschneiden

Zum Ausschneiden der Motive benötigen Sie eine gute Papierschere und für enge Kurven eine spitze Nagelschere. Ein Cutter leistet ebenfalls gute Dienste; dieser sollte jedoch wegen der Verletzungsgefahr nicht von Kindern benutzt werden. Mit einem Bürolocher lassen sich bequem Punkte ausstanzen.

Kleben

Für die Klebearbeiten an den Motiven reicht in den meisten Fällen ein Klebestift aus. Bei einigen Modellen benötigen Sie einen Alleskleber (z. B. UHU).

Um die Dekorationen an den Fensterbäumen zu befestigen, wird am besten Heißkleber verwendet.

Aufhängen der Motive

Passend zum Modell werden zum Aufhängen entweder Satinbändchen, Bast, Kordel oder Nähgarn verwendet. Pendeln Sie das Motiv zwischen Daumen und Zeigefinger aus, um den Punkt zu finden, an dem es gerade hängt. Je nachdem ob ein Motiv einfach oder beidseitig gearbeitet ist, kann sich dieser Punkt verschieben.

Damit die Motive sich nach dem Aufhängen nicht wegdrehen, legen Sie die Satinbänder doppelt – ohne das Band in sich zu verdrehen – und kleben es zwischen die doppelt gearbeiteten Motive. Wird Nähgarn verwendet, stechen Sie mit einer Nadel durch das Motiv und binden eine Schlaufe. Ein Zwischenkleben ist hier ungünstig.

Arbeiten mit Holz

Material

Die Holz-Anhängsel für die Fensterbäume werden aus

- *Sperrholz der Stärke 4 bis 10 mm* oder
- *Massivholz, 20 mm dick,*

ausgesägt. Ausreichend sind meist Reststücke aus den Holzabteilungen der Baumärkte.

Werkzeug

Wichtigstes Werkzeug ist ein

- *Laubsägebogen mit*
- *Sägeblättern in verschiedenen Stärken.*

Dazu benötigen Sie

- *ein Laubsägetischchen mit Schraubklemme.*

Alle in diesem Buch vorgestellten Holzarbeiten können mit einer normalen Handlaubsäge gebastelt werden. Sollten Sie von Ihrem neuen Hobby jedoch so begeistert sein, daß Sie es perfektionieren und ausbauen möchten, dann käme eine elektrische Dekupiersäge als nächste Anschaffung in Frage.

Die Qualitäts- und Preisunterschiede sind sehr hoch. Informieren Sie sich deshalb vor dem Kauf in diversen Baumärkten, Werkzeugfachgeschäften und beim Heimwerkerbedarf.

Außerdem benötigen Sie
- *Schleifschwämme oder Schleifpapier, grob und fein*

sowie zum Bohren winziger Löcher in teilweise nur 4 mm dickes Holz
- *eine kleine Bohrmaschine mit Bohrern in den Größen 1 mm und 2 mm.*

Eine Minibohrmaschine mit Trafo (z. B. Firma Proxxon) wäre ideal. Ein Akkubohrer ist zwar unhandlicher, kann dafür aber auch gleich noch für die größeren Bohrer mit Durchmesser 4 bis 6 mm und 8 mm genutzt werden (zum Anfertigen der Fensterbäume).

Je nach Modell (siehe die jeweilige Anleitung) brauchen Sie daneben
- *Holzleim,*
- *Sekundenkleber*

oder eine
- *Heißklebepistole.*

Weitere Werkzeuge wie
- *Schere,*
- *Sternzwirn,*
- *Bleistift, Lineal, Radiergummi,*
- *Wasserbehälter, Lappen und*
- *Seitenschneider*

finden sich sicherlich in jedem Haushalt.

Dekorative Accessoires wie Samtfaden, Holzperlen, Steckdraht, Schleifenband, Moos usw. werden bei den entsprechenden Objekten genannt.

Möchten Sie Ihre Holzmotive bemalen, sind noch
- *Farben* und
- *Pinsel*

notwendig.
Alle Arten von Bastelfarben, egal ob für Stoff- oder Seidenmalerei, für Glas, Kaltkeramik, Papier oder Bel-Vetro – sogar Buntstifte und Tuschkasten –, können genutzt werden. Achten Sie lediglich darauf, welchen Effekt Sie erzielen möchten. Wählen Sie dementsprechend deckende oder transparente Farben.

Auch bei den Pinseln sind Sie an keine besondere Art oder Form gebunden. Für die Feinarbeiten (Barthaare, Innenlinien, Augen) sollten Sie allerdings einen qualitativ guten Haarpinsel in den Größen 0 und 2 verwenden. Pinsel mit Synthetikhaaren sind denen aus Naturhaar vorzuziehen, da sie auf dem verhältnismäßig rauhen Holz länger eine saubere Spitze behalten.

Tip

Saubere Malergebnisse sind abhängig von perfekten Pinseln! Kaufen Sie lieber einen Pinsel weniger, dafür aber gute Qualität.

Übertragen der Vorlagen

Um die Motive vom Vorlagenbogen auf das Holz zu übertragen, benötigen Sie Graphitpapier. Das bekanntere Blaupapier sollten Sie nicht verwenden. Erstens verschmiert es sehr leicht, und zweitens lassen sich die Linien schlecht vom Holz abradieren. Legen Sie zuerst einen Bogen Graphitpapier mit der dunkleren Seite auf das Holz. Mit einigen Pinnadeln darüber die Vorlage befestigen. Nachdem Sie alle Linien mit einem weichen Bleistift nachgezogen haben, werden beide Bogen entfernt. Das Motiv ist nun auf dem Holz zu sehen und kann ausgesägt werden.

Bitte beachten Sie:
Mehrmaliges Nachzeichnen desselben Motivs zerstört die Vorlage. Das können Sie mit einer Fotokopie der Vorlage vermeiden.

Funktionsweise der Laubsäge

Die Laubsäge wird mit Armkraft auf und ab bewegt. Halten Sie Ihren Arm beim Sägen seitlich vom Körper. Der Unterarm befindet sich dabei in waagerechter Stellung. Das Sägeblatt wird mit leichtem Druck gegen das Holz geführt. Wollen Sie Kurven sägen, drehen Sie nicht die Säge, sondern das Holz in entsprechende Richtung.

Halten Sie den Laubsägebogen grundsätzlich waagerecht und parallel zum Unterarm. Sonst kann es leicht passieren, daß das Sägeblatt verkantet und reißt.

Auswechseln des Sägeblatts

Lockern Sie zunächst die beiden Flügelschrauben am Laubsägebogen. Nun legen Sie das neue Sägeblatt, mit den Zähnen nach unten zum Griff zeigend, zwischen die Spannbacken der unteren Flügelschraube. Diese fest anziehen. Während Sie jetzt den Sägebogen ein wenig zusammendrücken, wiederholen Sie den Vorgang bei der oberen Flügelschraube.

Wenn das Sägeblatt »singt«, sobald Sie leicht daran zupfen, ist es richtig eingespannt. Sie können zu sägen beginnen.

Wie macht man Innenausschnitte?

Sie müssen an Ihrem Motiv ein Teil aus der Mitte heraussägen? Kein Problem!

Bohren Sie in das herauszusägende Teilstück ein kleines Loch. Nun wird am Laubsägebogen die obere Flügelschraube gelöst; anschließend stecken Sie das lose Sägeblatt von unten nach oben durch das Loch im Holz. Sägeblatt oben wieder einspannen, Flügelschraube festziehen und das Mittelstück heraussägen. Danach die Flügelschraube lösen und das Sägeblatt wieder herausziehen.

Schleifarbeit muß sein!

Um eine saubere Bemalung mit exakten Rändern ausführen zu können, ist das Schleifen unerläßlich! Mit einem Schleifschwamm erreichen Sie enge Winkel und Ritzen besonders gut.

Zu Beginn wird die Oberfläche in verschiedenen Richtungen quer zur Maserung des Holzes geschmirgelt. Der letzte Schliff muß aber immer im Faserverlauf erfolgen. Abschließend bearbeiten Sie die Kanten der Werkstücke. Schleifen Sie dabei grundsätzlich nach außen, um keine Späne mit hochzureißen.

Mit einem Borstenpinsel läßt sich das geschmirgelte Teil schnell und einfach entstauben.

Farbige Gestaltung

Wenn nicht anders angegeben, werden Vorder- und Rückseite der Motive identisch bemalt. Da Fensterbäume nur im Innenbereich aufgestellt oder aufgehängt werden, ist eine Versiegelung der Farben unnötig.

Innenlinien werden erst ganz zum Schluß, wenn das Werkstück fertig bemalt und getrocknet ist, eingezeichnet. Dabei ziehen Sie alle Konturen mit einem zarten, schwarzen Pinselstrich nach. Dicke »Balken« sind auf jeden Fall zu vermeiden. Unbedingt notwendig sind Innenlinien zwar nicht, doch sorgen sie für eine weitere Detaillierung und feinere Ausgestaltung des Werkstücks.

Bevor Sie beginnen... Wichtige Hinweise

- Die zur Arbeit mit dem jeweiligen Material benötigten Werkzeuge sowie grundlegende Techniken sind in den einführenden Abschnitten beschrieben. Sie werden daher in den jeweiligen Anleitungen nicht mehr gesondert angegeben. Lesen Sie also im Zweifelsfall auf den vorhergehenden Seiten nach.
- Selbstverständliche Arbeitsschritte für die Laubsägemotive – wie Aufzeichnen, Sägen, Schleifen und Bemalen – werden in den Modellanleitungen als bereits ausgeführt vorausgesetzt und nicht in jedem Fall nochmals erwähnt.
- Notwendige Bohrlöcher sind auf den Vorlagen eingezeichnet. Deren Plazierung am Werkstück ist in der Anleitung nicht extra beschrieben.
- Die farbige Gestaltung der abgebildeten Fensterbäume soll Ihnen nur als Anregung dienen. Sie ist nicht zwingend in gleicher Weise auszuführen. Deshalb werden in der Materialliste keine spezifischen Farbtöne angegeben.
- Bei der Anordnung der Baummotive, Schleifen und sonstiger Dekoration dient Ihnen die Abbildung als Orientierungshilfe.
- Für Fensterbäume, bei denen ein Motiv auf den Mittelstab geklebt wird, empfiehlt es sich, dieses Teil zweimal herzustellen (einmal seitenverkehrt). So können Sie es deckungsgleich vorne und hinten ankleben.

Zeichenerklärung

 = Holz  = Tonkarton

Die Modelle

Frischer Wind...

... für Ihr Bad! Der Rumpf der beiden unteren Schiffe ist hohl und kann mit getrockneten und mit Duftölen aromatisierten Blüten gefüllt werden. Dekorieren Sie das Gestell nach Wunsch auch mit Schnecken, Muscheln und Seesternen.

Fensterbaum

Typ A – Größe 2
(fertig gekauft mit 6 Endperlen)

Motive

So wird's gemacht

Nachdem alle Einzelteile ausgesägt, bemalt und zusammengeleimt sind (mit Ausnahme der unteren Schiffe), bemalen Sie das Gestell und die Endkugeln. Dann hängen Sie den Fensterbaum mit dem Samtfaden und den aufgefädelten Perlen auf. Anschließend die Segel der Schiffe auf den Rumpf stecken und eventuell etwas festkleben. Die Wolke und ein Schiff werden auf den Mittelstab geklebt.

Die beiden Fische und die restlichen Schiffe hängen Sie mit Samtfaden an das Gestell. Für den Zweimaster eine Bodenplatte in den Maßen 55 x 20 mm zurechtsägen. Bohren Sie vorne und hinten ein Loch für die Schaschlikspieße hinein. Die Spieße werden auf zwei verschiedene Längen gekürzt und dann in die Bohrlöcher geklebt. Die Seitenteile ebenfalls an die Bodenplatte kleben und die vordere und hintere Öffnung mit dicht an dicht geklebten Rundholzstücken verschließen. Schieben sie jetzt die Piratensegel auf die Masten. Zum Schluß noch je ein kleines Fähnchen sowie eine Perle anbringen und aufhängen.

Die Bodenplatte für das andere Schiff hat die Maße 46 x 20 mm und bekommt nur ein Bohrloch für den Mast im vorderen Bereich. Die weiteren Arbeitsschritte kennen Sie schon vom Zweimaster.

Tip

Zum Füllen der Schiffe zupfen Sie einige Blütenblätter von bunten Gartenblumen, blühenden Wildkräutern oder bereits zu welken beginnenden Vasenblumen. Diese werden lose auf ein Backblech gelegt und etwa 1 Stunde bei 50 °C getrocknet. Gewünschte Trockenblütenmenge entnehmen und mit Duftöl beträufeln. Den Rest dekorativ in Glasgefäßen aufbewahren.

Material

- *Holz, 4 mm dick, für die Anhängsel*
- *Holz, 10 mm dick, für die Bodenplatte der Schiffe mit hohlem Rumpf*
- *27 Rundhölzer, 5 mm Ø, 28 mm lang*
- *2 rote Perlen, 8 mm Ø, für den Zweimaster*
- *1 blaue Perle, 8 mm Ø, für den Mast des Segelschiffs*
- *1 rote Perle, 14 mm Ø*
- *1 weiße Perle, 10 mm Ø*
- *Samtfaden blau*
- *2 Schaschlikspieße, blau bemalt*
- *1 Schaschlikspieß, rot bemalt*
- *Tonkarton weiß, für die Segel der unteren Schiffe*
- *Trockenblüten*
- *Duftöl*

Vorlagen siehe Vorlagenbogen A

Küchenidylle

Wem die Küche noch nicht heimelig genug ist: Mit diesem nostalgischen Stilleben in Blau-Weiß wird es schwerfallen, sie wieder zu verlassen.

Material

- *Tonkarton blau, blau-weiß kariert und gepunktet, braun*
- *Nähgarn blau*
- *6 Perlen weiß, 10 mm Ø*
- *6 Perlen blau, 8 mm Ø*
- *Schleifenband blau-weiß kariert, 55 cm lang*
- *Satinband blau, 4 mm breit, 3 m lang*
- *Mini-Girlande Buchs, 55 cm lang*

Werkzeug

- *Nähnadel*
- *Heißkleber*

Vorlagen siehe Vorlagenbogen B

Fensterbaum

Typ A – Größe 2
als Endkugeln 6 blaue Perlen, 1,4 cm Ø

Motive

So wird's gemacht

Übertragen Sie alle Motivteile vom Vorlagenbogen auf den entsprechenden Tonkarton und schneiden Sie die Teile aus. Anschließend kleben Sie die Motive zusammen; orientieren Sie sich dabei auch an der Abbildung.

Nun wird das blaue Satinbändchen um die Querstäbe gewickelt. An einem Ende beginnen, dabei 9 cm Band überhängen lassen und das Band mit Kleber neben der Endkugel fixieren. Wickeln Sie das Band bis zur gegenüberliegenden Seite, hier ebenfalls 9 cm überhängen lassen und durch einen Klebepunkt befestigen. Auf diese Weise alle Querstäbe umwickeln. Den Mittelstab umwickeln Sie mit Satinband und der Buchsgirlande. Anfang und Ende jeweils mit Heißkleber fixieren. Abschließend werden die weißen und blauen Perlen auf die Enden der Satinbänder gefädelt und durch einen Knoten gesichert.

Das Schleifenband mit einem Stück Satinband zur Schleife binden und an der Ringschraube befestigen. Aus dem Rest Satinband eine Aufhängeschlaufe an die Ringschraube binden und die Küchenmotive mit Nähfaden an den Fensterbaum hängen.

Safari

Im Kinderzimmer auf Safari gehen. Nur gut, daß diese wilden Tiere uns nicht gefährlich werden können.

Fensterbaum

Typ A – Größe 2
aus Bambus

Motive

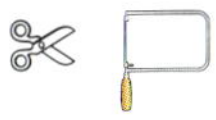

So wird's gemacht

Alle Teile mit Hilfe der Vorlagen aus dem entsprechenden Tonkarton ausschneiden. Dem Nilpferd den Kopf auf den Körper setzen, dann die Ohrinnenteile sowie die Nase plazieren. Beim Elefanten werden die Ohren mit den Ohrinnenteilen an der Rückseite des Kopfes befestigt, ebenso die Stoßzähne. Anschließend den Kopf auf den Körper, die Zehen auf die Füße kleben. Ein Stück Paketband als Schwanz an der Rückseite festkleben.

In Schwarz setzen Sie dem Zebra Mähne und Ohren an, gleiches gilt für Schwanzspitze und Hufe. Zum Schluß die Fellstreifen aufsetzen. Beim Tiger werden Kopf und Fellstreifen aufgeklebt, beim Nashorn Kopf und Körperfleck. Dann die Ohren und das Horn am Kopf befestigen und die Zehen auf den Füßen fixieren. Dem Löwenkörper setzen Sie die Vorderbeine an. Danach bekommt er Mähne und Schwanzspitze, das Gesicht wird zum Schluß auf die Mähne geklebt.

Alle Einzelheiten mit Filzstift aufmalen, in die Augen noch einen weißen Lichtreflex tupfen.

Winden Sie dann das Juteband und den Jerseystoff um den Mittelstab und befestigen Sie mit je einem Bastfaden die Enden. Aus Bast werden auch die Aufhängeschlaufen angeknotet. Drei Palmenblätter aus Tonkarton runden die Dekoration ab.

Tip

Möchten Sie die Motive mit Kindern anfertigen, malen Sie die Fellstreifen bei Zebra und Tiger einfach mit Filzstift auf.

Material

- *Tonkarton blau, lila, grau, rosa, gelb, 2 Orangetöne, 2 Grüntöne, weiß, schwarz*
- *Rest Paketschnur*
- *Filzstift schwarz*
- *Gelstift weiß*
- *Juteband, 11 cm breit, 65 cm lang*
- *Jersey in Tigermuster, 5 cm breit, 60 cm lang*
- *Naturbast*

Vorlagen siehe Vorlagenbogen B

Material

- *Tonkarton weiß, schwarz, grün, gelb, lila, grau, orange*
- *Satinband, 4 mm breit, 60 cm lang*
- *Schleifenband, 1 m lang*
- *6 Perlen schwarz, 1 cm Ø*
- *Naturbast*

Vorlagen siehe Vorlagenbogen B

Halloween

Mitternacht – der Spuk erwacht.
Geister, Hexen, Fledermäuse – nur die Kürbisse sind leise.

Fensterbaum

Typ A - Größe 2
Mittelstab unten 10 cm länger, schwarz lackiert
6 weiße Endkugeln, 1,4 cm Ø

Motive

✂

So wird's gemacht

Übertragen Sie die Motive von der Vorlage auf den entsprechenden Tonkarton und schneiden Sie alle Teile aus. Die Anzahl der Teile (Angaben in der Vorlage) bezieht sich auf das beidseitige Ausarbeiten der Modelle. Kleben Sie dann die Einzelelemente entsprechend zusammen und orientieren Sie sich dabei an der Vorlage und an der Abbildung. Der rothaarigen Hexe wird der Hut von hinten angesetzt, bei der zweiten Hexe ist er auf die Haare geklebt. Das Gespenst für die Spitze des Fensterbaumes wird nur am Kopf und an den Seiten zusammengeklebt und so aufgesteckt. Vom Satinband schneiden Sie nun je Motiv 10 cm ab, legen es doppelt und ziehen eine Perle auf. Beim Zusammenkleben von Vorder- und Rückseite des Motivs legen Sie die Bandenden zwischen diese Teile. Zum Schluß aus dem Schleifenband und Bast zwei Schleifen binden und diese an den oberen Querstäben befestigen.

Tip

Wenn Sie einen schönen Zierkürbis haben, können Sie diesen als Ständer verwenden und den Fensterbaum direkt in den Kürbis stecken.

Herbstimpression

Allmählich wird es Zeit für die Suche nach einem gemütlichen Platz – zwischen den Pilzen im Laub läßt sich die kalte Jahreszeit bestimmt gut überstehen...

Material

- *Tonkarton braun, hellbraun, beige, rot, weiß*
- *Filzstift schwarz*
- *Dschungelmoos grün*
- *Bast*
- *künstliche oder getrocknete Herbstblätter*

Werkzeug

- *Locher*

Fensterbaum

Typ A – Größe 2
aus Zweigen
an den Enden 6 kleine Dekoäpfel, etwa 2 cm Ø, aufspießen

Motive

Vorlagen siehe Vorlagenbogen A

So wird's gemacht

Alle Teile von der Vorlage auf Tonkarton übertragen und ausschneiden. Die angegebene Zahl an Einzelelmenten bezieht sich auf das beidseitige Ausarbeiten der Modelle. Bei den Igeln die beiden Körperteile jeweils von vorn und von der Rückseite gegen das Kopfteil kleben, dabei den Bauch nicht vollständig zusammenkleben. Biegen Sie die Stacheln am Bauch etwas auseinander. Dann die Pilze aus den jeweils fünf Einzelteilen zusammenfügen und den doppelten Stiel unten ein wenig auseinanderbiegen. Für die Fliegenpilze Punkte mit dem Locher ausstanzen.

Nun werden die Zweige an einigen Stellen mit Dschungelmoos beklebt. Igel und Pilze befestigen Sie mit Heißkleber auf den Querstäben.

Dann die Blätter plazieren und eine Schleife aus Bast um den Mittelstab binden. Aufgehängt wird der Fensterbaum mit Bast.

(K)U(H)nglaublich!!

Daß gerade auch Kühe sich als äußerst bewegungsfreudig erweisen, beweist diese vergnügte Turngesellschaft in Schwarz-Weiß.

Material

- *Sperrholz, 10 mm stark, 42 x 45 cm*
- *1 Holzperle, 1,5 cm Ø*
- *3 Zahnstocher*
- *Jutekordel, 75 cm lang*
- *Bastelfarbe schwarz, weiß, rot, grün*
- *3 Holzstreublumen*
- *Satinband rot, 6 mm breit, 1,5 m lang*

Werkzeug

- *Bohrmaschine*
- *Bohrer, 4 mm Ø*
- *Schmirgelpapier*
- *Leim*
- *Heißkleber*

Vorlagen siehe Vorlagenbogen A

Fensterbaum

Typ A – Größe 3
Mittelstab unten 10 cm kürzer, grün lackiert

Motive

So wird's gemacht

Mit Hilfe der Vorlagen alle Einzelteile für die Kühe sowie sechs Blüten als Endknöpfe aufzeichnen und aussägen. Die Kühe und Blüten an den Markierungen vorbohren, ebenso am Fensterbaum die Stirnseiten des Mittelstabes und der Querstäbe. Alle Kanten mit Schmirgelpapier glätten, die Teile entstauben und bemalen. Nach dem Trocknen werden die Kühe mit Leim zusammengesetzt, d. h. Sie befestigen Einzelteile wie Kopf, Arme oder Beine am Körper.

Schneiden Sie nun von der Jutekordel sechs 12 cm lange Stücke ab, die als Schwanz in das Bohrloch eingeleimt werden. Am Kordelende jeweils einen Knoten bilden.

Befestigen Sie die Kühe mit Heißkleber am Fensterbaum. Anschließend wird die Holzkugel rot bemalt und mit Leim und einem Zahnstocherstück auf der Mittelleiste angebracht. Die Holzblüten bemalen und auf dieselbe Weise an den Querstäben anbringen. Zum Schluß winden Sie das Schleifenband um den Mittelstab und binden die Enden oben und unten zur Schleife. Streublumen auf die Standplatte kleben – fertig!

Hühnerhof

Dieser Fensterbaum paßt zwar sehr schön in die Osterzeit, sorgt aber auch zu jeder Jahreszeit für ein wenig ländliches Flair im Raum.

Material

- *Holz, 4 mm dick*
- *4 Bastelhölzer (Eisstiele) für den Zaun, 11 x 0,5 cm, mit abgerundeten Enden*
- *4 gelbe Holzperlen, 10 mm Ø*
- *3 naturfarbene Holzoliven, 15 mm lang*
- *Aufhängeband*
- *Heu oder Strohhalme für das Dach*
- *Schleifenband, 4 cm breit, 1,50 m lang*
- *Islandmoos natur*

Fensterbaum

Typ A – Größe 1
(fertig gekauft mit 6 Endperlen)
auf den Kopf gestellt

Motive

So wird's gemacht

Bekleben Sie das Dach des bemalten Hauses mit Heu oder Strohhalmen. Anschließend wird es etwa 1 cm oberhalb der mittleren Querstange am Mittelstab befestigt. Bevor Sie alle Motive anbringen, werden die Querstäbe mit Islandmoos beklebt.
Am oberen Ende des Mittelstabes zum Schluß das Aufhängeband mit den aufgefädelten Perlen und am unteren Ende die Schleife befestigen.

Für den Zaun die Bastelhölzer in der Mitte durchteilen. Zwei davon legen Sie waagerecht und parallel zueinander im Abstand von etwa 2 cm auf den Tisch. Auf diesen kleben Sie die restlichen Stäbe senkrecht und in gleichmäßigen Abständen auf.

Vorlagen siehe Vorlagenbogen A (Hühnerhof und Osterwiese)

Osterwiese

Schöne Aussichten für Ostern! Hier wird die Bezeichnung »Fensterbaum« im doppelten Sinne wörtlich genommen: Sechs kleine Rahmen eröffnen den Blick auf ein fröhliches Stelldichein im Grünen.

Material

- *Holz, 4 mm dick*
- *6 Holzperlen weiß, 12 mm Ø*
- *Samtfaden weiß*
- *Schleifenband, 8 mm breit, 2 m lang*
- *Schleifenband, 5 cm breit, 1,50 m lang*
- *6 Drahtgeflechtstücke grün, 9 x 9 cm*
- *Fimoreste*
- *einige kleine Seidenblumenblüten und -blätter*
- *Stripgras*
- *Islandmoos natur und grün*
- *Dschungelmoos*
- *Hasenschwanzgras gelb*
- *Getreidehalme*

Werkzeug

- *Gartenschere*

Fensterbaum

Typ A – Größe 2
(fertig gekauft mit 6 Endperlen)

Motive

Vorlagen siehe Vorlagenbogen A

So wird's gemacht

Hängen Sie den Fensterbaum mit einem Stück des schmalen Bandes auf. An die Kreuzungspunkte zwei kleine und eine große Schleife binden.

Nun werden jeweils zwei Holzrahmen und ein Drahtgeflecht deckungsgleich mit Heißkleber zusammengesetzt. Dekorieren Sie die Rahmen auf beiden Seiten mit Gräsern, Moos, Blüten usw. Aus den Fimoresten winzige Eier, Küken, Käfer, Pilze und Igel modellieren und im Backofen brennen. Diese setzen Sie anschließend, zusammen mit den ausgesägten Hühnern, Häschen und Küken, zwischen die Gräser und Moose.

Die fertigen Rahmen werden mit weißem Samtfaden und einer Perle an den Querstäben festgebunden.

Freche Raben

Diese pfiffigen Raben hecken bestimmt einen Schabernack aus.

Fensterbaum

Meyco – Modell Friesentanne,
44 cm hoch
grün gebeizt

Motive

✂

So wird's gemacht

Alle Teile für die Raben nach der Vorlage aus dem Tonkarton ausschneiden. Die Anzahl der Teile bezieht sich auf beidseitige Ausarbeitung.

Die Beine bei Rabe A zunächst mit den Füßen nach oben an die untere Körperkante kleben. Nach dem Trocknen die Füße nach vorne herunterbiegen. Schwanz und Flügel an der Rückseite befestigen, den Schnabel auf dem Kopf plazieren. Bei Rabe B werden die beiden Körperteile nur am Kopf zusammengeklebt. Je ein Bein an der Innenseite eines Körperteils befestigen. Auf jeder Seite des Raben fixieren Sie ein Schnabel- und ein Flügelteil.

Mit dem weißen Gelstift malen Sie nun die Augen auf und zeichnen mit dem Filzstift die Schnabelstriche und Pupillen ein. Das Heu in kleinen Büscheln an ein Stück Messingdraht binden und diese Girlande um den Mittelstab winden. Anschließend befestigen Sie die Dekoäpfel auf den Querstäben und fügen bei dem unteren noch ein Heubündel hinzu. Tontopf, Sonnenblume und ein Heubündel auf der Standplatte anbringen. Zum Schluß werden die Raben mit etwas Kleber auf den Querstäben plaziert.

Material

- *Tonkarton schwarz und gelb*
- *Filzstift schwarz*
- *Gelstift weiß*
- *1 Mini-Tontopf, 3,5 cm Ø*
- *Sonnenblumen-Pick*
- *2 Dekoäpfel, etwa 3,5 cm Ø*
- *dünner Messingdraht*
- *etwas Heu*

Vorlagen siehe Vorlagenbogen B

Tulpen im Frühjahr

Während die Tulpen in voller Blüte stehen, suchen die Vögel schon nach einem geeigneten Nistplatz.

Fensterbaum

Typ B
blau gebeizt

Motive

✂

Material

- *Tonkarton gelb, rot, grün, in Regenbogenfarben*
- *Wellpappe rot und grün*
- *2 Holzdübel, 6 mm Ø*
- *Filzstift schwarz*
- *Nähgarn blau und rot*
- *1 Perlagonien-Pick*
- *1 Stiefmütterchen-Pick*
- *Schleifenband rot, 1 m lang*
- *Schleifenband gelb, 1 m lang*
- *Satinband, 3 mm breit, 40 cm lang*

So wird's gemacht

Schneiden Sie die Blüten und Blätter der Tulpen, wie in der Zeichnung gezeigt, ein und stecken Sie die Teile ineinander. Mit Nähfaden werden Blüte und Blätter miteinander verbunden.

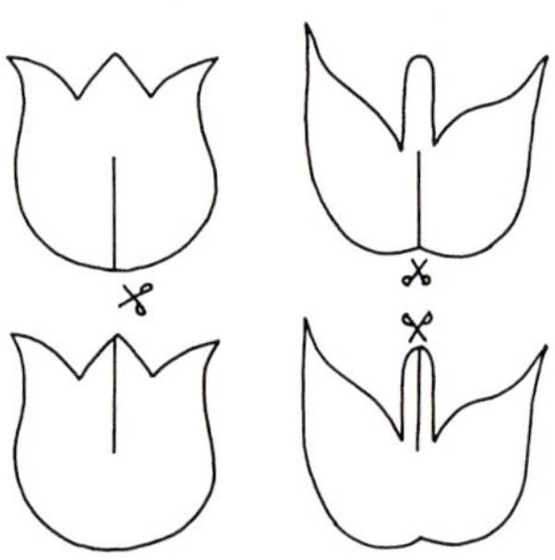

Bei den Vögeln kleben Sie die Schnäbel von beiden Seiten gegen den Körper. An den Flügeln die Klebelaschen nach unten knicken; mit dieser Klebefläche werden die Flügel jeweils auf beiden Körperseiten befestigt. Mit Filzstift die Augen aufmalen.

Für die Vogelhäuser schneiden Sie die Bodenplatten und je 12 Dachschindeln aus Wellpappe aus. Das Haus entlang der gestrichelten Linien knicken. Schneiden Sie das Einflugloch aus; an der Markierung für die Sitzstange den Tonkarton außerdem kreuzweise einschneiden. Hier wird der Holzdübel eingeschoben und mit Kleber fixiert. Das Vogelhaus an den Laschen zusammenkleben und auf die Bodenplatte montieren. Das Dach entlang der gestrichelten Linie knicken und schon jetzt zwei Fäden zur Aufhängung einziehen. Anschließend kleben Sie das Dach auf dem Haus fest und befestigen leicht überlappend auf jeder Seite sechs Dachschindeln.

Vögel und Tulpen mit farblich passendem Aufhängefäden versehen, den Mittelstab mit den Blättern und Blüten dekorieren. Aus den Schleifenbändern eine doppelte Schleife an den Mittelstab binden. Zum Schluß die Motive dazuhängen.

Vorlagen siehe Vorlagenbogen A

Schiff ahoi!

Eine regelrechte Schiffs- und Bootsparade im Schatten des Leuchtturms... Fehlt nur noch eine leichte Brise, und der Geruch von Salzwasser ist nicht mehr weit!

Fensterbaum

Leuchtturm
(siehe nebenstehende Anleitung)

Material

- *Multiplex-Platte, 14 mm stark, 17 x 57 cm*
- *Holzrest für die Bodenplatte, 18 mm stark, 7 x 24 cm*
- *Rundholz, 6 mm Ø, 120 cm lang*
- *Lack weiß, rot, blau, schwarz*
- *6 weiße Holzperlen, 14 mm Ø*
- *2 Dübel, 6 mm Ø*
- *1 Schaschlikspieß*
- *Rest Tonkarton blau*
- *Muscheln*

Werkzeug

- *Bohrmaschine*
- *Holzbohrer, 6 mm Ø*
- *Bohrständer*
- *Schraubzwingen*

So wird's gemacht

Die Vorlage so auf das Holz übertragen, daß die senkrechte Mittellinie des Leuchtturms parallel zur Holzkante verläuft. Übertragen Sie auch die Markierungen für die Bohrungen und verlängern Sie sie bis zu den Holzkanten. Nun die Holzplatte auf die Kante stellen, mit Schraubzwingen auf der Arbeitsfläche festspannen und die Bohrungen vornehmen. Senken Sie dabei den Bohrer so weit es geht ab. Anschließend den Leuchtturm aussägen. Zur Verbindung mit der Bodenplatte zwei Löcher vorbohren, in die Sie die Holzdübel setzen. Glätten Sie alle Kanten mit Schmirgelpapier und bemalen Sie den Leuchtturm.

Das Rundholz sägen Sie für die Querstäbe in sechs 19 cm lange Stücke, leimen diese 5 mm weit in die Bohrungen am Leuchtturm ein und leimen auf den angespitzten Enden die Perlen auf. Ein blaues Fähnchen aus Tonkarton um den gekürzten Schaschlikspieß kleben und diesen auf der Leuchtturmspitze befestigen. Die Standfläche mit Muscheln dekorieren.

Vorlage siehe Vorlagenbogen B

Motive

Material

- *Tonkarton rot, weiß, gelb, orange, blau, hellblau, in 2 Grüntönen, 2 Brauntönen, grau*
- *4 Zahnstocher*
- *feines Netz (z. B. von Knoblauch)*
- *Nähgarn weiß*
- *Nylonkordel, 15 cm lang*
- *Filzstift schwarz*
- *Gelstift weiß*

Werkzeug

- *Locher*

So wird's gemacht

Übertragen Sie alle Schiffsteile vom Vorlagenbogen auf den entsprechenden Tonkarton und schneiden Sie die Elemente aus. Anschließend die Schiffe zusammenfügen.

Die Kordel beim Schlauchboot wird mit gelochten Tonkartonpunkten fixiert, die Enden befestigen Sie auf der Rückseite.

Auf die Kajüte des Segelbootes noch drei hellblaue Locherpunkte als Bullaugen aufsetzen. Die beiden Segel

mit den Laschen an einem Zahnstocher befestigen und diesen zwischen Kajüte und Rumpf kleben. Auch dem Dampfer setzen Sie fünf Locherpunkte als Bullaugen auf, und schließlich bestücken Sie noch den Schlepper mit drei gelochten hellblauen Punkten. Die Reifen und den roten Puffer auf der Bordwand fixieren.

Beim Fischkutter kleben Sie zwei Zahnstocher als Masten an und verbinden diese quer mit einem weiteren Zahnstocher. Das große Netz aufkleben; das zweite Netz entsteht aus einem 2 x 9 cm großen Streifen, den Sie um den quer gelegten Masten wickeln; die Enden mit Kleber fixieren. Zum Schluß werden Masten und Schiffsspitze mit Nähgarn verbunden.

Malen Sie noch die Einzelheiten mit Filzstift und Gelstift auf und hängen Sie die fertigen Schiffe mit Nähgarn an den Leuchtturm.

Segeltörn

Ein Segelboot auf großer Fahrt. Wer denkt da nicht an schöne Stunden auf hoher See und das Seemannsgarn beim Landgang...

Fensterbaum

Typ A – Größe 1
Mittelstab unten 6 cm länger

Material

- *Holzrest für die Standplatte, 1 cm stark, 6 x 18 cm*

Zusätzliches Material:

- *1 Holzdübel, 6 mm Ø*
- *3 Perlen, 1,5 cm Ø*

Vorlagen siehe Vorlagenbogen B

So wird's gemacht

Dieser Fensterbaum wird auf einer Seite mit drei Querstäben genauso gebaut wie Typ A. Beachten Sie allerdings den längeren Mittelstab sowie folgende Abwandlungen: Auf der gegenüberliegenden Seite wird nur ein 21 cm langes Rundholz, 1,5 cm vom unteren Ende gemessen, angebracht. Die Standplatte wie bei Größe 3 befestigen.

Motive

✂

Material

- Tonkarton weiß, gelb, rot, orange, schwarz
- Strohseide weiß
- Paketschnur
- 2 Zahnstocher
- Nylonkordel, 38 cm lang
- Filzstift schwarz
- Nähgarn weiß

So wird's gemacht

Das Segel aus weißem Tonkarton ausschneiden und mit Strohseide bekleben. Darüber befestigen Sie den roten Zierstreifen und stanzen an den gekennzeichneten Stellen mit einem Locher Löcher in das Segel. Binden Sie es mit der Paketschnur an den Mittelstab und umwickeln Sie diesen dabei mehrfach mit der Schnur.

Jetzt schneiden Sie Positionsleuchte, Kompaß und Anker nach den Vorlagen aus Tonkarton aus und kleben die Einzelteile zusammen. Mit Filzstift werden die Details aufgemalt. Bei der Boje legen Sie einen Zahnstocher als Mast für das Fähnchen und ein 8 cm langes Stück Schnur beim Zusammenkleben der beiden Tonkartonhälften dazwischen. Auf die Schnur das schwarze Endstück aufziehen und mit einem Knoten sichern.

Am Rettungsring kleben Sie gleichmäßig verteilt vier Schlaufen aus Tonkarton an und ziehen dann ein Stück Schnur durch diese hindurch; die Enden verknoten.

Der Anker wird am Mittelstab befestigt, alle übrigen Teile hängen Sie mit Nähfaden an die Querstreben. Zum Schluß kleben Sie ein Fähnchen aus rotem Tonkarton an den etwas gekürzten Zahnstocher und befestigen diesen auf der Spitze des Mittelstabes.

Weltall

Am Sternenhimmel tut sich was. Zwischen Raketen und UFOs schweben Außerirdische heran...

Material

- *Tonkarton schwarz, silber, in Regenbogenfarben*
- *Hologrammpapier*
- *Wabenpapier orange*
- *Holz-Streusterne gelb*
- *Messingdraht, 0,6 mm stark*
- *4 Perlen, 6 mm Ø*
- *Papprolle (Küchenrolle), 3 cm Ø*
- *Filzstift schwarz und rot*
- *Nähgarn*

Vorlagen siehe Vorlagenbogen B

Tip

Damit die Spiralen gleichmäßig ausfallen, wickeln Sie den Draht um einen runden Stift.

Fensterbaum

Typ B
blau gebeizt

Motive

✄

So wird's gemacht

Schneiden Sie die Motivteile nach den Vorlagen aus dem jeweiligen Papier aus. Die Angaben zur Anzahl der Teile beziehen sich auf beidseitiges Ausarbeiten der Modelle.

Bekleben Sie den großen gelben Stern von beiden Seiten mit Hologrammpapier und setzen Sie die Körperteile der Marsmännchen von beiden Seiten gegen den Stern bzw. den Mond. Beidseitig die Gesichter aufmalen und die Wabenpapierbäuche aufkleben (nähere Hinweise siehe Seite 8). Auf Vorder- und Rückseite jeweils einen Arm in den Waben fixieren. Auch dem Marsmädchen mit Haarschopf wird beidseitig das Gesicht aufgemalt; hinzu kommen vorne und hinten die Bauchteile. Es hält den kleinen Stern in der Hand.

Kleben Sie je zwei der Planetenringe gegeneinander und schieben Sie den Ring anschließend über den Planeten; mit Kleber fixieren.

Für die Raketen umkleben Sie jeweils ein 7 cm langes Stück der Papprolle mit silbernem Tonkarton. Die Raketenspitze (Teil A) und die Endstufe (Teil B) kleben Sie an den Klebelaschen zusammen und befestigen sie mit Kleber an der Papprolle. Aus schwarzem Tonkarton drei 5 x 5 cm große Quadrate ausschneiden und zu Röhren kleben. In jeder Röhre ein Zündfeuer (siehe Vorlage) befestigen und alle drei zusammen in die hintere Öffnung der Papprolle einkleben. Zum Schluß fixieren Sie die Hologrammkreise an der Außenwand.

Ober- und Unterteil für das UFO bekleben Sie entsprechend der Vorlage mit Hologrammpapier und schließen beide Teile an der Klebelasche. Halten Sie beide Teile aneinander und kleben Sie nun jede zweite Zacke des Oberteils am Unterteil fest. Aus dünnem Messingdraht eine kleine Spirale wickeln, die als Antenne an der Spitze befestigt wird.

Fixieren Sie dann die Streusterne mit Heißkleber am Fensterbaum. Aus Messingdraht gewickelte Spiralen werden an den Enden jeweils mit einer kleinen Perle versehen und um den Mittelstab gelegt.

Alle Figuren und Flugobjekte mit farblich passendem Nähgarn aufhängen. Die Rakete benötigt zwei Fäden, das UFO drei.

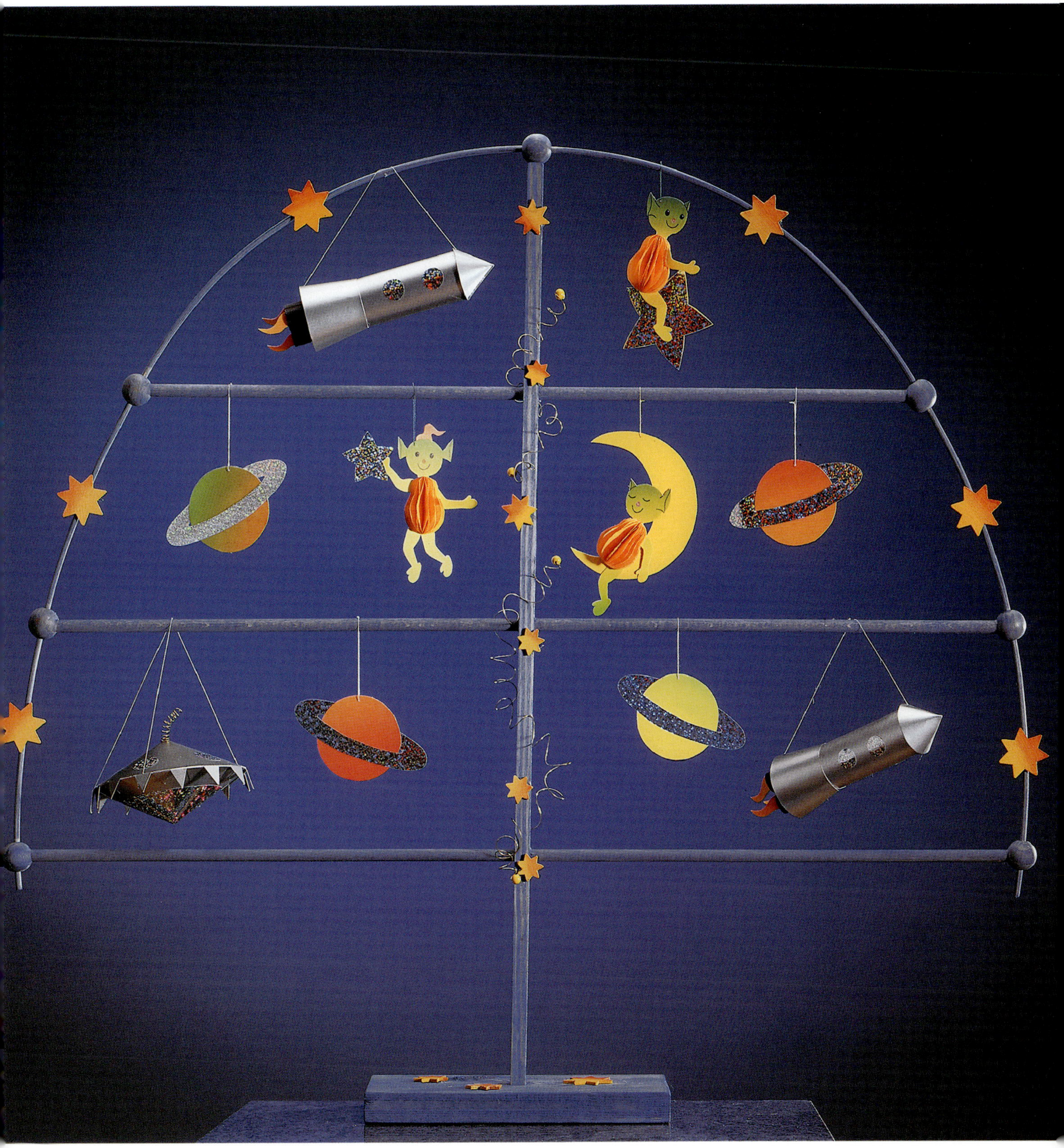

Lustige Teddywelt

Teddies – Dauerbrenner zum Liebhaben für groß und klein! Dieser niedliche Fensterbaum zeigt Teddies in »allen Lebenslagen« und beweist: Ein Teddy muß nicht immer aus Plüsch sein!

Material

- *Holz, 10 mm dick*
- *Holz, 4 mm dick*
- *Seitenschneider*

Teddy 1
- *Blumensteckdraht, 2 mm Ø, 7 cm lang*
- *Blumenbindedraht, 15 cm lang*
- *4 Filzstücke, 2 x 1 cm, in diversen Farben*

Teddy 2
- *1 Vinylbaby, 5 cm groß (Spielwaren)*
- *Filz weiß, 5 x 5 cm*
- *Samtfaden lila*

Teddy 3
- *Blumensteckdraht, 2 mm Ø, 7, 6 und 5 cm lang*
- *1 Holzperle, 16 mm Ø*

Teddy 4
- *2 Rundholzstücke, 5 mm Ø, je 2 cm lang*
- *Nähseide rot und gelb*

Teddy 5
- *15 kleine Holzwürfel, bunt gemischt, in den Größen 5 x 5 mm, 4 x 4 mm, 3 x 3 mm*
- *Holz, 4 mm dick, 5,5 x 5 cm*

Teddy 6
- *Blumensteckdraht, 2 mm Ø, 6 cm lang*
- *Nähgarn weiß, 10 cm lang*

Vorlagen siehe Vorlagenbogen A

Fensterbaum

Firma Rayher, 40 cm hoch

Motive

So wird's gemacht

Alle Teddykörper und die drei Luftballons sägen Sie aus dem 10 mm dicken Holz aus, alle Arme und Beine, den Drachen, die »Decke« für das Bärenbaby und den Fisch aus 4 mm dickem Holz. Bemalen Sie dann die Teddykörper und, wo erforderlich, auch die Arme und Beine, bevor Sie sie zusammenkleben.

Teddy 1
Kleben Sie den Steckdraht in das Bohrloch an der Schmalseite des Drachens. Durch das andere Loch ziehen Sie den Bindedraht, legen ihn doppelt und arbeiten die Filzstücke durch Verdrehen der beiden Drähte ein. Das freie Ende des Steckdrahtes kleben Sie in die Handkante des Teddies.

Teddy 2
Auf der Rückseite kein Gesicht malen. Legen Sie das Vinylbaby auf den weißen Filz und wickeln Sie es mit Hilfe des Samtfadens ein. So »verpackt« wird es der Bärenmutti in die Arme geklebt.

Teddy 3
Die Blumensteckdrähte zuerst in die Luftballons und dann in die Hand des Teddies kleben.

Teddy 4
Bohren Sie je ein Loch in die beiden Rundhölzer. Für das Springseil legen Sie die Nähseide vierfach und drehen eine etwa 14 cm lange Kordel daraus. Die Enden der Kordel kleben Sie in die Rundhölzer und diese an die Innenseite der Teddyhände.

Teddy 5
Zuerst das Bärenbaby auf seine »Decke« kleben. Danach arrangieren Sie die Bauklötzchen vor und neben dem Baby. Einige Tropfen Sekundenkleber fixieren die Miniklötzchen.

Teddy 6
Den Blumensteckdraht in die Teddyhand kleben und ein Nähgarnende in den Fisch. Kürzen Sie den Nähfaden auf etwa 8 cm, wickeln Sie ihn mehrmals um das Ende des Steckdrahtes und fixieren Sie ihn dort mit einem Tropfen Kleber.

Alle Bären werden mit Heißkleber auf den Querstäben angebracht und solange festgehalten, bis der Kleber erkaltet ist.

Der Teddy mit den Luftballonen behält sein Gleichgewicht, indem Sie die Holzperle zwischen seinen Fuß und die Querstange kleben.

Sport ohne Mord

Aufgerafft und mitgemacht! Der Elch macht's vor, denn Sport kann keinem schaden!

Fensterbaum

Typ A – Größe 3
ohne Standplatte, Mittelstab unten 10 cm länger
6 Endkugeln, 1,5 cm Ø

Motive

Material

- *Tonkarton hellbraun, dunkelbraun, in 2 Grüntönen, 3 Blautönen, gelb, rot, weiß, schwarz*
- *Regenbogentonkarton*
- *1 Schaschlikspieß*
- *1 Wattekugel als Fußball, 2 cm Ø*
- *Paketschnur, 70 cm lang*
- *Juteband grün, 70 cm lang*
- *Mini-Girlande Buchs*
- *Bastelfarbe weiß*
- *Filzstift schwarz*
- *Gelstift weiß*
- *Nähgarn hellbraun*

So wird's gemacht

Alle Teile von der Vorlage auf Tonkarton übertragen und ausschneiden. Ohren und Geweih sind bei allen Elchen gleich. Befestigen Sie jeweils ein Geweihteil an der Vorder-, das andere an der Rückseite des Kopfes; auch das zweite Ohr wird jeweils von der Rückseite angesetzt.

Beim Tennis-Elch den Schläger mit Filzstift nachzeichnen. Den Schaschlikspieß für den Ski-Elch kürzen Sie auf eine Länge von 11 cm. Den Skiteller auf die Spitze stecken und den fertigen Skistock an den Handinnenflächen ankleben. Auf die Wattekugel mit Filzstift das Fußballmuster zeichnen. Schneiden Sie dann mit dem Cutter einen Schlitz in den Ball und setzen Sie ihn dem Elch auf den Fuß. Jetzt werden noch die Gesichter und Details aufgemalt.

Bekleben Sie anschließend die Querstäbe des Fensterbaumes mit der Mini-Girlande. Das Teilstück für den Ski-Elch wintergerecht mit etwas weißer Bastelfarbe betupfen. Außerdem das Juteband um den Mittelstab winden, die Enden festkleben.

Die Elche werden mit Nähfaden am Fensterbaum festgebunden, nur der Bergsteiger klettert natürlich am Juteband hoch. Zuletzt das Stück Paketschnur um den Mittelstab legen und je ein Ende einem Elch in die Hände kleben.

Tip

Die Elche in den Farben des Lieblingsvereins geben einen originellen Clubbaum ab.

Vorlagen siehe Vorlagenbogen B

Heidespaziergang

Ein Schäfer mit seiner Herde – beschauliche Szene einer fast vergangenen Zeit... Aber noch immer sind solche Bilder dazu geeignet, Sehnsüchte zu wecken.

Material

- *Holz, 20 mm dick, für den Stall*
- *Holz, 6 mm dick, für die Figuren*
- *1 Holzperle natur, 16 mm Ø*
- *8 bis 10 Bastelhölzer (Eisstiele) für den Zaun, 11 x 0,5 cm mit abgerundeten Enden*
- *Samtfaden bordeauxrot*
- *Juteband natur, 10 cm breit, 1 m lang*
- *Vogelsand*
- *Islandmoos natur und grün*
- *echte Heide- und Wacholderspitzen*
- *kleiner Zweig als Hirtenstab*
- *Gartenschere*

Fensterbaum

Typ B
hängend, naturbelassen

Motive

So wird's gemacht

Mit Heißkleber werden zuerst alle Figuren, der Stall und die Zäune auf die Querstäbe gesetzt. Die Bauanleitung für die Zäune finden Sie auf Seite 22 (Modell Hühnerhof). Die Querstäbe, die Sie mit Sand bestreuen möchten, streichen Sie zuvor satt mit Holzleim ein. Das Islandmoos läßt sich am besten mit Heißkleber anbringen, ebenso die Wacholder- und Heidespitzen, die die Lücken ausfüllen.

Den Samtfaden durch das Bohrloch an der Spitze des Mittelstabes ziehen, doppelt legen, die Perle aufziehen und verknoten. Am unteren Ende bringen Sie die dicke Juteschleife an.

Vorlagen siehe Vorlagenbogen A

Hurra, das Baby ist da!

Ein Fensterbaum für einen neuen Erdenbürger? Warum nicht? Schließlich müssen Fensterbäume nicht unbedingt nur ins Fenster gehängt werden! Mit seinen bunten Farben über dem Wickeltisch und bei jedem Luftzug in Bewegung, ist er ein echter Blickfang für die Kleinen.

Fensterbaum

Typ A – Größe 2
natur
6 Endperlen hellblau und/oder rosa, 6 mm Ø

Motive

Material

- *Holz, 4 mm dick*
- *2 Holzperlen weiß, 14 mm Ø*
- *2 Holzperlen rosa, 14 mm Ø*
- *3 Holzperlen hellblau, 14 mm Ø*
- *10 Holzperlen weiß, 6 mm Ø*
- *10 Holzperlen hellblau, 6 mm Ø*
- *10 Holzperlen gelb, 6 mm Ø*
- *10 Holzperlen rosa, 6 mm Ø*
- *10 Holzperlen türkis, 6 mm Ø*
- *Samtfaden rosa*
- *Schleifenband hellblau, weiß und rosa, 1 cm breit, 3 m lang*
- *Sternzwirn weiß*

Vorlagen siehe Vorlagenbogen A

So wird's gemacht

Den Samtfaden durch den Mittelstab ziehen, doppelt legen, die Perlen mit Durchmesser 14 mm aufziehen und den Faden verknoten.

Mond und Wolke werden mit dem aufgeklebten Stern auf die oberen Stäbe gesetzt. Die Motive hängen Sie jeweils mit einem Zwirnfaden plus aufgefädelten Perlen (Durchmesser 6 mm, von jeder Farbe eine) an den Baum. Das vom Storch überbrachte Baby wird in ein Stückchen Papiertuch gewickelt und dem Adebar so um den Schnabel gehängt. Nun noch die Schleifen anknoten, dann kann das Baby staunen.

Tip

Eine Rassel oder ein Glöckchen am Ende des Mittelstabs macht alles noch viel interessanter!

Material

- *Holz, 4 mm dick*
- *Naturbast*
- *Wellkarton natur*
- *Islandmoos natur*
- *8 künstliche Äpfel, 4 bis 5 cm Ø*
- *2 künstliche Äpfel, 2,5 cm Ø*
- *2 künstliche Äpfel, 1,5 cm Ø*
- *2 Körbe, 5 cm Ø, gefüllt mit verschiedenen kleinen Minifrüchten (5 mm Ø), einigen Getreidespitzen und 3 kleinen Seidenblumenblättern*

Für den Mittelstab:

- *1 Bund Getreide*
- *4 getrocknete Disteln*
- *getrocknete Frauenmantelblüten (Alchemilla)*
- *Bindedraht*
- *kariertes Band, 5 cm breit, 1,50 m lang*
- *1 Sense*
- *1 Harke*

Vorlagen siehe Vorlagenbogen A

Erntezeit

Altbekannte Dinge wie Krone und Kränze finden sich überall. Wie wäre es statt dessen mal mit einem Erntebaum? Dieser hier hält fast eine Ewigkeit. Man könnte ihn aber genausogut mit frischem Obst, Gemüse, Kräutern und Beeren schmücken.

Fensterbaum

Typ A – Größe 3
hängend, natur

Motive

So wird's gemacht

Den Mittelstab bis ans untere Ende mit dem Getreide, den Frauenmantelblüten und den Disteln in ansprechender Verteilung umbinden. Als Abschluß die karierte Schleife anbringen. Dicht über der Schleife kleben Sie die Sense und die Harke ein.

Auf eine Seite des oberen Querstabes ein Büschel Islandmoos und je einen Apfel (Durchmesser 4 cm, 2,5 cm und 1,5 cm) kleben. Auf der anderen Seite das mit Früchten, Getreidespitzen und Blättern gefüllte Körbchen anbringen. Zum Schluß kleben Sie auf die Enden der Querstäbe die restlichen Äpfel.

Jede Frucht, die Sie aus Holz gesägt haben, schneiden Sie auch aus dem Wellkarton zu und stechen in die Pappfrüchte jeweils ein Loch. Hängen Sie sie jetzt mit Naturbast ein wenig versetzt vor die Holzfrüchte, die ebenfalls mit Naturbast angebracht werden. Nur die Gießkanne bleibt »solo«. Sie wird lediglich mit den beiden Holz-Miniblüten dekoriert. Zur weiteren Zierde bringen Sie noch einige Schleifen aus Naturbast an. Jetzt müssen Sie den Erntebaum nur noch aufhängen!

Dschungelpalast

Warum nicht einmal etwas »Exotisches«? Mit diesem märchenhaften Fensterbaum holen Sie sich ein Stück 1001 Nacht in Ihr Zuhause.

Material

- *Holz, 20 mm dick, für den Mohr, die Palme und die Bodenplatte*
- *Holz, 10 mm dick, für die Figuren*
- *3 grüne Holzperlen, 10 mm Ø*
- *3 hellbraune Holzoliven, 15 mm lang*
- *2 Blätterranken, je 10 cm lang*
- *Granitfarbe grau, z. B. Firma Faber*
- *braunes Jute- oder Makrameegarn für den Palmenstamm*
- *dünner Bindfaden*

Vorlagen siehe Vorlagenbogen A

Fensterbaum

Typ A - Größe 2
leicht abgeändert, Querstäbe grün bemalt

Motive

So wird's gemacht

Die mittlere Querstange mit nur einer Holzkugel bündig bis zum Mittelstab schieben und festkleben. Die untere Querstange entfällt. Nun stellen Sie den so vorbereiteten Fensterbaum zusammen mit dem Mohren probeweise auf eine etwa 30 cm lange Bodenplatte beliebiger Form. An entsprechender Stelle ein Loch für den Mittelstab in die Platte bohren und einleimen.

Kleben Sie die Palmwedel auf die Spitze des Mittelstabes. Jetzt können Sie das Jutegarn dicht an dicht um den Stamm wickeln. Anfang und Ende mit Heißkleber fixieren.

Anschließend wird die Figur so positioniert und aufgeklebt, daß die Hand den Palmenstamm berührt und ebenfalls angeklebt werden kann.

Das kleine Äffchen an einer Blätterranke befestigen und mit Bindfaden am obersten Querstab anhängen. Bevor Sie den Elefanten, den Löwen und den Panther anbinden, fädeln Sie je eine Olive und eine Perle auf den Faden. Einen Affen setzen Sie auf den hinteren Fuß des Mohren und den letzten, zusammen mit der Blätterranke, auf die Querstange. Bevor Sie die Bodenplatte mit Granitfarbe bemalen, kleben Sie den Strauß auf.

Tip

Wenn Sie es sich nicht zutrauen, einen Fensterbaum selbst zu bauen, läßt sich – wie bei diesem Beispiel – auch ein gekauftes Modell individuell abändern.

Kletteraffenpartie

Mit diesem Kletterbaum, der so ganz dem Temperament der tierischen Turner und Schaukler entgegenkommt, bringen Sie Leben in den Raum!

Material

- *Holz, 4 mm dick*
- *Jutekordel grün und braun*
- *Blätterranke*
- *Stripgras natur*
- *Fimo gelb*

Vorlagen siehe Vorlagenbogen A

Fensterbaum

Typ A – Größe 2
(fertig gekauft mit 6 Endperlen)
grün bemalt

Motive

So wird's gemacht

Nachdem Sie die munteren Affen und die beiden Palmen ausgesägt und bemalt haben, wird die Jutekordel oben am Mittelstab befestigt. Die Blätterranke doppelt nehmen, über Kreuz um den Mittelstab legen und dann jeweils vor den Endkugeln einmal um den Stab winden. Das Stripgras fassen Sie zu einem Bündel zusammen, fixieren es mit Kleber und schlingen es dann um den Stab. Die beiden Palmen ankleben.

Formen Sie aus Fimo vier Bananen. Anschließend je zwei zusammen im Backofen härten. Zuletzt werden jetzt noch die Äffchen im Blattwerk verteilt. Die Bananen müssen Sie ankleben.

Tip

Dieser Baum eignet sich gut als Geschenk, denn die Affen können zusätzlich kleine Päckchen in Händen und Füßen halten.

Katz' und Maus

Die Katzen haben heut' nur Pech! Die kleinen Mäuschen, süß und frech, verriegelten die Speisekammer! Das bringt den Katzen großen Jammer!

Fensterbaum

Typ C
rot bemalt

Motive

Material

- *Holz, 4 mm dick*
- *1 Holzperle schwarz, 14 mm Ø*
- *Samtfaden schwarz*
- *Samtfaden grün, zweimal 15 cm lang*
- *2 Messingglöckchen, 10 mm Ø*
- *Schleifenband, 5 cm breit, etwa 4 m lang*

So wird's gemacht

Den Mittelstab am oberen Ende von vorne nach hinten durchbohren, den schwarzen Samtfaden durchziehen, die Perle auffädeln und den Faden verknoten. Jeweils am Ende der Querstäbe wird eine Schleife angebracht. Jetzt können die Katzen und Mäuse aufgeklebt werden (siehe Abbildung). Den Katzen auf dem unteren Querstab ein Glöckchen umbinden.

Vorlagen siehe Vorlagenbogen A

Material

- Holz, 20 mm dick, für den Rahmen
- Holz, 6 mm dick, für die Käfer
- Holz, 4 mm dick, für die Flügel
- Rundholz, 8 mm Ø, 19 cm, 22 cm und zweimal 14 cm lang
- 18 Holzperlen schwarz, 6 mm Ø
- 5 Holzperlen schwarz, 10 mm Ø
- 5 Holzperlen rot, 14 mm Ø
- 18 Marionettenholzfüße oval, 15 mm lang
- Samtfaden schwarz
- 6 Mini-Marienkäfer, 2,5 cm groß
- 1 Mini-Marienkäfer, 1 cm groß
- 1 Vögelchen aus Pappmaché, 3 cm groß
- 1 Tontopf, 5 cm Ø, mit Sand oder Steckschaum gefüllt
- Islandmoos natur und grün
- künstliches Birkengrün
- Blumensteckdraht, 2 mm Ø
- 1 Schaschlikspieß, grün bemalt
- Filz gelb, 8 cm Ø
- 1 m Geschenkband, 6 cm breit

Werkzeug

- Flachzange
- Seitenschneider

Der Frühling ist da!

Mit so vielen niedlichen Glücksbringern im Haus kann es wirklich nur Frühling sein. Marienkäferchen von ihrer freundlichsten Seite...

Fensterbaum

siehe Anleitung unten

Motive

So wird's gemacht

Rahmen

Zuerst leimen Sie die weiß bemalten Rundhölzer in den Rahmen: oben das 19 cm lange, in der Mitte die beiden 14 cm langen, unten das 22 cm lange Hölzchen. Dann den Samtfaden um den Rahmen legen und abwechselnd die zehn schwarzen und roten Perlen auffädeln. Faden verknoten. Statt der üblichen Kugeln wird hier an jedes Querstabende ein Marienkäfer aufgesetzt.

Den Tontopf mit Heißkleber in den Rahmen kleben, anschließend das Birkengrün und die mit einem 10 bis 12 cm langen Stiel versehenen ausgesägten Blüten hineinstecken.

Käfer

Kopf und Körper der Käfer 4 und 8 werden auf der Rückseite schwarz bemalt.

Aus dem Steckdraht schneiden Sie für jeden Käfer zwei Beine mit je 5,5 cm Länge und zwei Fühler von je 2,5 cm Länge. Für Käfer, die einzelne Arme bekommen, schneiden Sie 4,5 cm lange Stücke zurecht. Bestehen die Arme jedoch aus einem Stück, das durch den Körper geschoben wird (siehe Bohrlochmarkierungen Vorlagenbogen), sind die Drähte 6 bis 7 cm lang.
Fühler, Arme und Beine werden am schnellsten mit einem Tropfen Heißkleber in die Bohrlöcher geklebt. In der Abbildung erkennen Sie, wie die Gliedmaßen gebogen werden müssen. Benutzen Sie dazu die Flachzange. Da die Bohrlöcher unterschiedliche Tiefe aufweisen können, ist es möglich, daß Sie einzelne Drähte noch auf gleiche Länge bringen müssen. Danach werden die Perlen und Marionettenfüße angebracht.

Fertigstellen

Jetzt werden die Käfer auf dem Fensterbaum verteilt. Sobald Sie mit Ihrem Arrangement zufrieden sind, erhält der eine oder andere Winzling noch einen Stock, ein Blatt mit einem winzigen Käferchen darauf oder einen Wanderrucksack. Für den Rucksack füllen Sie den Filzkreis mit Papierschnitzeln, binden ihn mit Samtfaden zu und gleichzeitig an den Schaschlikspieß. Den Spieß etwas kürzen und am Käfer festkleben.

Das Vögelchen, Moosbüschel und eine dicke Schleife geben den letzten Pfiff!

Vorlagen siehe Vorlagenbogen A

Die Deutsche Bibliothek –
CIP-Einheitsaufnahme

Dekorative Fensterbäume für Tonkarton und Laubsägearbeiten : mit Vorlagenbogen / Marion Dawidowski/Gabriele Wollenheit. – Augsburg : Augustus-Verl., 1999
ISBN 3-8043-0650-0

Fotografie: Klaus Lipa, Augsburg
Lektorat: Eva-Maria Müller, Augsburg
Umschlaggestaltung: Abraxas Werbegrafik, Karina Stieler, Augsburg

Verzeichnis der Modelle:
Gabriele Wollenheit: Seite 13, 22, 23, 34, 38, 39, 40, 42, 44, 45, 46
Marion Dawidowski: Seite 14, 17, 18, 19, 20, 24, 26, 28, 30, 32, 37

Layout: Anton Walter, Gundelfingen

AUGUSTUS VERLAG AUGSBURG 1999

Satz: Gesetzt aus 11 Punkt Legacy Book von DTP-Design Walter, Gundelfingen
Reproduktion: GAV Prepress, Gerstetten
Druck und Bindung: Appl, Wemding

Gedruckt auf 135 g/m² umweltfreundlich chlorfrei gebleichtes Papier.

ISBN 3-8043-0650-0

Printed in Germany